畜禽福利养殖

蛋鸡福利
养殖技术指南

国家动物健康与食品安全创新联盟　组编

刘建柱　孙忠超　主编

中国农业出版社
农村读物出版社
北　京

图书在版编目（CIP）数据

蛋鸡福利养殖技术指南 / 国家动物健康与食品安全创新联盟组编；刘建柱，孙忠超主编. -- 北京 ：中国农业出版社，2024.7. -- (畜禽福利养殖技术指南丛书).
ISBN 978-7-109-32162-5

Ⅰ．S831.4-62

中国国家版本馆CIP数据核字第2024CJ7996号

中国农业出版社出版

地址：北京市朝阳区麦子店街18号楼

邮编：100125

责任编辑：刘 伟

版式设计：杨 婧 责任校对：吴丽婷 责任印制：王 宏

印刷：中农印务有限公司

版次：2024年7月第1版

印次：2024年7月北京第1次印刷

发行：新华书店北京发行所

开本：787mm×1092mm 1/16

印张：3.75

字数：82千字

定价：70.00元

编 者 名 单

主　编　刘建柱　孙忠超

副主编　刘　文　熊传武　刘海余

参　编　Walter Benz　Philipp Prang　侯　杰

　　　　　张　立　李聪聪　王　海　庞　伟

　　　　　Paul Littlefair　　邬小红　李克鑫

　　　　　王金纪　高旭阳　杨佳颖　王　建

　　　　　薛宝君　余　东　逯永强　郑雪莹

主　审　黄向阳

编者的话

动物福利在全球畜牧兽医领域具有较高的学术地位，关乎畜牧业可持续发展、动物源食品安全、生态文明与人类健康。当今世界，科学纵深推进，经济迅猛发展，如何科学认识和理解动物福利，如何因地制宜探索福利养殖技术，如何提升消费者对良好动物福利产品的认知，迫切需要业界和社会理性面对、切实解决。

动物福利作为生态文明建设的重要组成部分，其核心就是善待动物，体现了人类与大自然、人类与动物的和谐共生，是生态环境可持续发展的必然要求。同时，动物福利也是保障动物源性食品安全的根本需要，人类健康与动物密切相关，促进动物福利，就是增进人类健康。从当前国情、世情和人类健康的需求出发，关注动物福利是提高畜禽产品质量、保证畜牧业健康可持续发展的必然选择。

国家动物健康与食品安全创新联盟一直专注于动物健康、动物福利与食品安全的科学研究与应用，在世界动物卫生组织的动物福利标准框架下，持续稳步推进动物福利产业创新工作。未来随着市场竞争更加激烈，动物福利技术和理念将贯彻到肉、蛋、奶生产的每一个环节，做到保障动物福利就是改善人类的福祉。

"畜禽福利养殖技术指南丛书"的编者查阅和引用了大量国内外参考资料，系统梳理了畜禽福利养殖的实践经验，从农场实用角度出发，分别从饲料与饮水、环境与设施、饲养管理、畜禽健康、运输屠宰等方面入手，对畜禽福利养殖标准化操作流程、评价改善进行了规范阐述，图文并茂，内容丰富，是一套集理论与实践于一体的、指导畜禽福利养殖的实用手册。适合我国各级畜牧兽医管理部门的工作人员、从事畜牧兽医科学教学和研究工作的教师和学生、从事畜牧业生产的企业家和技术人员、从事畜禽疫病防控的执业兽医师，以及关心动物福利的其他行业学者和广大消费者阅读。

感谢大专院校、科研院所和农牧企业的中青年学者在编撰过程中给予的支持与帮助！希望本书的出版，可以有效促进动物福利科学创新升级，引领福利养殖提质增效，助推畜牧业健康可持续发展。

书中难免会有不足之处，希望广大读者批评指正。

目录

编者的话

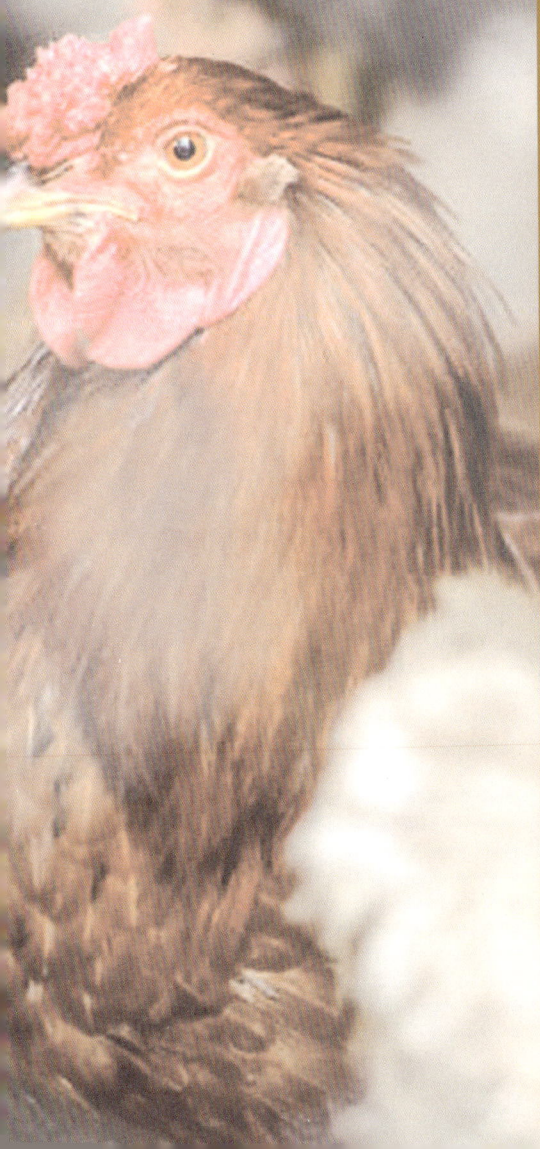

1 引言

1.1 国家动物健康与食品安全创新联盟

国家动物健康与食品安全创新联盟是由中国农业农村部组建的国家农业科技创新联盟下属的具有专业性、公益性、非营利性的组织，旨在为消费者提供安全、优质、健康的动物源食品。联盟的工作紧紧围绕动物健康与肉、蛋、奶、水产品质量安全等重大需求，聚焦畜牧、兽医和食品安全科技创新能力提升和资源共享，促进从养殖到餐桌全产业链健康有序发展。联盟成员由养殖、屠宰、饲料、兽药、设备、食品深加工、餐饮、零售、电商、检测认证、咨询企业，以及中央级、省部级科研单位组成。

1.2 指南编制背景、目的和意义

畜禽集约化养殖易产生动物福利问题，导致畜禽疾病的发生和流行，进而严重威胁人类的健康、畜牧业可持续发展和畜产品国际贸易。动物福利日益得到广大民众和政府部门的重视。世界动物卫生组织将动物福利标准纳入《陆生动物卫生法典》，强调保障动物福利是兽医的基本职责和任务。我国在动物福利领域相对于欧美国家还存在诸多不足，主要反映在动物福利科学研究滞后、动物福利评价标准缺失、动物福利法律不健全和动物福利认知度低等方面。完善动物福利科学技术体系，有助于保障动物源食品安全，促进我国畜牧业绿色、可持续发展。

1.3 指南适用范围

本指南适用于蛋鸡养殖企业及蛋品加工企业。蛋鸡养殖相关生物制品、诊断制品、微生态制剂、饲料、化学药品、清洁消毒产品、设施设备等企业也可作为参考。

1.4 指南制定原则

1.4.1 科学性原则

严格按照我国现行法规、管理规定和相关标准的要求，在对我国蛋鸡福利养殖现状和问题进行充分调研的基础上，进行科学分析、研究和总结归纳，力求做到编制具有科学性。

1.4.2 实用性原则

充分考虑我国各省（自治区、直辖市）养殖法规和管理规定的具体要求，深入基层一线开展调研，综合现有技术水平和管理实践经验，保证指南编写的指导性和实用性。

1.4.3 规范性原则

参考国际动物福利技术标准的规定和要求，充分考虑符合中国特色的动物福利科学体系，力求指南编制内容的完整、规范，保证指南编写质量。

1.5 指南主要内容

指南正文包括引言、饲料与饮水、环境与设施、饲养管理、鸡群健康和附录等6部分内容。

1.6 编制和起草单位

国家动物健康与食品安全创新联盟
重庆国康动物福利科学研究院
山东农业大学
必达（天津）家畜饲养设备有限公司（大荷兰人）
天津中升挑战生物科技有限公司
上海悦孜企业信息咨询有限公司
英国皇家防止虐待动物协会

1.7 图片支持

偏关永奥生态农业有限公司
四川信德农牧有限公司
南通天成现代农业科技有限公司

2 饲料与饮水

2.1 饲料

2.1.1 农场使用的饲料和饲料原料应符合国家相关法律法规和标准的要求。

2.1.2 农场应根据蛋鸡品种特性和生理阶段的营养需求供给相应的全价饲料，饲料提供的营养物质应能满足蛋鸡维持良好的身体状况及正常的生长和产蛋要求。

2.1.3 农场购入的配合饲料，应有供方饲料原料组成及营养成分含量的文档记录；自行配料时，应保留饲料配方及配料单，饲料原料来源应可追溯。

饲料颗粒

2.1.4 为了保障饲料的安全性和合规性，饲料中一般不能含有哺乳动物或禽类蛋白质来源的物质。不应在饲料中添加动物副产品和生长促进剂。

2.1.5 抗生素的使用应严格按照国家规定执行，一般仅用于对蛋鸡疾病的治疗，且要在兽医的指导下使用。不推荐对蛋鸡进行群体性用药。如果对蛋鸡使用了抗生素，那么需要严格执行休药期。在国家规定的范围内，科学使用抗球虫药或者进行抗球虫免疫。

2.1.6 饲料应安全、卫生地运输和储存，防止虫害、潮湿、变质及污染。

料塔

饲料储存

2.1.7 采食空间最低限值

a) 双面采食线槽，5 cm/只。

b) 单面采食线槽，10 cm/只。

c) 盘槽，4 cm/只（以外圆周长计）。

d) 喂料器应均匀分布在鸡舍，使所有鸡能够容易地接触饲料。

双面采食线槽

盘槽

喂料器

2.2 饮水

2.2.1 应提供充足、清洁、新鲜的饮水。

2.2.2 饮水器设置数量最低限值

a）钟形饮水器：100只/个。

b）乳头饮水器：12只/个。

c）水槽：1.27 cm/只。

2.2.3 应根据蛋鸡的大小和日龄设置

饮水器的最佳高度，并定期检查和维护。

2.2.4 应定期检查、清洗、消毒和维护供水系统，并确保在主水源断供的情况下，备用水源可以满足农场至少24 h的供水需求。

钟形饮水器 乳头饮水器

饮水器与料盘并行设置

3 环境与设施

3.1 设施

3.1.1 设施设计

福利养殖系统包含非笼养和富集笼养设施，设施的设计需要给蛋鸡提供更大的活动空间以及产蛋箱、栖息架、沙浴区等福利设施。

在蛋鸡的活动区域，各类设施应方便其进入与离开，满足其不同活动需求。

舍内的供水与供料设施需设计合理，满足蛋鸡的基本生理要求。同时，舍内设施应确保没有造成鸡只伤害或痛苦的尖锐物。

从生产者经济效益的角度出发，舍内产蛋箱的配置面积、位置及灯光配置需合理，以减少窝外蛋和脏蛋的产生。

舍内设施的位置需合理，便于人员巡视与管理处于各个活动区的鸡群。

鸡在设备上站立或行走

鸡舍通往活动区域的出口

水过滤设施

通风设施

3.1.2 设施材质

设施材质的选择应遵循避免鸡接触到有害物质的原则，也应方便淘汰鸡后对其进行彻底清洁或消毒，以降低生物安全风险。

考虑到我国部分地区夏季高温、高湿的气候特点，舍内设备应尽可能地选用耐腐蚀性好的材质，如不锈钢、镀铝锌或者热浸锌等材质。

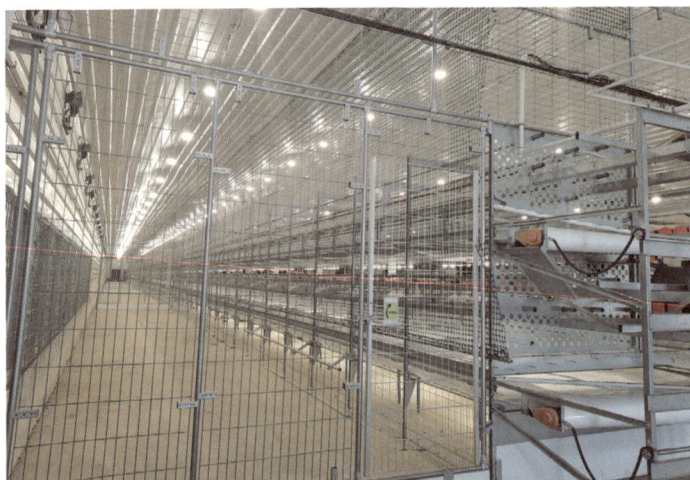

福利笼

福利笼-磨爪区

3.1.3 鸡舍周围环境设施

由于野鸟可能携带包含禽流感病毒在内的多种家禽病原体，因此鸡舍在设计上应考虑避免家禽接触野鸟。鸡舍的进气口需设置防鸟网，同时鸡舍周围环境设施的设计应避免成为野生鸟类、动物栖息的场所。

鸡舍周围应清除草丛，四周应设置至少1m的碎石或混凝土，以防止啮齿类动物打洞进入鸡舍。

饲料和鸡蛋应存储在防鼠区域。鸡舍各处可设置捕鼠站，注意定期检查捕鼠站情况。定期检查捕鼠设施是否处于正常状态，对啮齿动物活动较频繁的区域进行识别编号并着重处理。出于安全及抗药性考虑，推荐使用机械式捕鼠站。

3.2 地面和垫料

3.2.1 地面设计

鸡舍的地面应能够进行有效的清洁和消毒，防止寄生虫和微生物病原体的大量积聚。

混凝土地面比土地面更好，因为可以更有效地清洁和消毒。同时，舍内地面需要留有一定的斜坡，方便冲洗鸡舍时积水的自然排出。

如果使用多层式结构的舍内平养系统，二层或以上的平面可采用胶合板或者塑料板。

3.2.2 垫料区域

垫料区域的面积需满足蛋鸡活动及沙浴的需求，沙浴是鸡用来保持羽毛清

洁和良好状态的行为之一。它们使用爪子和翅膀让垫料通过羽毛，然后抖出。对于蛋鸡而言，保持良好的羽毛状态有助于其免受伤害，并保持体温。

沙浴

蛋鸡站在垫料上

3.2.3 垫料类型和状态

在非笼养系统中，应保证蛋鸡每天

都可接触到垫料，以满足其沙浴的行为需求。垫料常铺在地面上，应具有结构疏松、材料颗粒大小合适、易于保持干燥、不易结块的特点。在条件允许的情况下，应及时更换新鲜的垫料，以确保垫料的干燥。

垫料

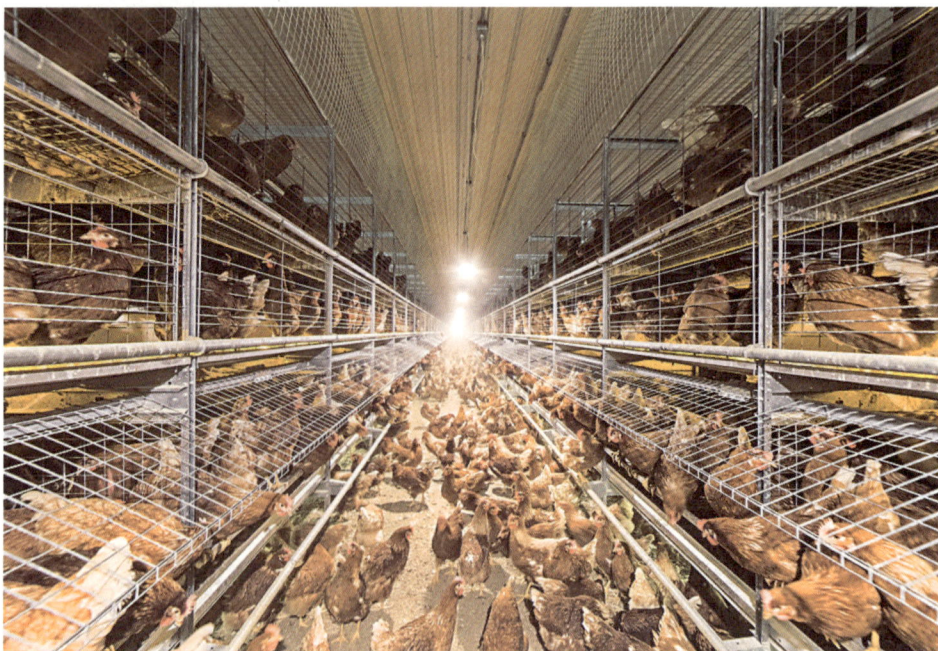

垫料区域

垫料的类型和质量对于鸡群的健康与鸡舍内气候调节十分重要。可作为垫料原料的有 8 mm 以下的沙子和碎石、锯末、小麦或者黑麦的秸秆及谷壳等。蛋鸡养殖过程中必须确保使用干燥的沙土和沙砾、无尘锯末和干燥的秸秆等。

鸡舍初用阶段，1 ~ 2 cm 的垫料深度即可满足使用要求。随着粪便的持续堆积，垫料的厚度也会持续变厚，较厚的垫料会导致地面蛋的问题，可通过增加垫料区上方的照明并及时捡蛋来缓解。

3.2.4 垫料储存

新鲜的垫料应放在室内干燥的地方，注意防潮，降低其中滋生螨虫的风险。对因意外浸湿的垫料应立即清除，严防潮湿或者被污染的垫料进入蛋鸡舍中。

3.3 光照

3.3.1 光照周期

在密闭式蛋鸡舍中，可以自主对光照进行控制。在育雏育成期，光照计划可分阶段执行。

育雏的第一周需要给予足够的光照，帮助雏鸡找到饲料和水。

育成期需要维持 10 h 光照，或者在夏季保持 12 h 光照，从开产到产蛋率达到 50%，光照时间可以逐渐增加至 16 h。但应注意，育成期不要任意增加光照时间，盲目增加光照时间将会刺激性成熟，导致提前开产，应在鸡只状态达到产蛋的条件时再适当增加光照时间。

在完成转群工作后的 2 d 内，给予不间断的光照，有利于帮助母鸡熟悉新的养殖系统，找到饲料、水和产蛋箱的位置。

3.3.2 光照强度

对蛋鸡而言，在亮灯期，人工光源的配置需要满足饲养过程中光照强度的要求。在黑暗期，舍内光照强度不宜超过 0.5 lx。

对于饲养在密闭舍中的青年鸡，有必要在进风口和出风口处配置遮光设施，以确保关灯后舍外自然光不影响舍内有鸡区域的光照强度。

在非笼养系统中，产蛋舍内也十分有必要配置遮光设施。较强的舍外自然光会导致鸡群在小窗下侧的垫料区与鸡舍末端区域聚集，影响该处的垫料质量，同时增加在该处产生地面蛋的风险。

对舍内的人工光源，建议配置可调节光照强度以及可模拟日出日落的控制装置。在非笼养的鸡舍，对不同位置的光源需进行分组控制。在熄灯前，不同分组的光源在不同的时间段逐渐熄灭，以达到引导母鸡逐渐栖息的目的。合理的光照程序有利于降低地面蛋的比例。

同时，非笼养和福利笼养系统因鸡群数量较大，鸡只间啄羽的现象相当明显。啄羽现象严重时，应找到啄羽的原因，是饲养密度太高，还是缺乏某种营养物质，等等。在针对啄羽原因采取措施的基础上，适当降低光照强度，可以缓解啄羽现象。

当啄羽或啄肛现象十分严重时，使用红光灯也可缓解。从管理的角度，还需每天及时移除弱鸡、伤残鸡和死鸡，将攻击性强的鸡隔离或淘汰。

底部光照

中部光照

3.4 空气和温度

3.4.1 空气质量

蛋鸡的主要传染病都可通过呼吸道感染，如禽流感、新城疫、传染性支气管炎、慢性呼吸道疾病等，这与鸡舍内的空气质量密切相关。

舍内蛋鸡的饲养密度较大，每天都会产生大量的废气和有害气体，需要及时采取措施来控制有害气体和废气的浓度。

对于有垫料的非笼养系统，由于部分鸡粪长期和垫料混合在一起，因此管理好舍内空气质量的任务更加艰巨。过湿的垫料会显著提高舍内氨气的浓度，影响鸡群的健康。

3.4.2 通风

鸡舍的通风，按照通风动力可分为自然通风、机械通风和混合通风三种。在非笼养系统中，三种通风形式都很常见。不管采用何种通风方式，均应保持舍内空气质量参数在正常范围内。

一般，母鸡头部所在高度处的氨气浓度不超过 $10\ mg/m^3$，当通风系统受到短暂的恶劣天气影响时，氨气浓度不得超过 $25\ mg/m^3$。在条件允许的情况下，硫化氢应小于 $0.5\ mg/m^3$，不应超过 $2.5\ mg/m^3$；二氧化碳应低于 $3000\ mg/m^3$，不应超过 $5000\ mg/m^3$；一氧化碳应低于 $10\ mg/m^3$，不应超过 $50\ mg/m^3$。同时，平均 $8\ h$ 内，粉尘应小于 $1.7\ mg/m^3$（呼吸性粉尘）和 $3.4\ mg/m^3$（总粉尘），不应超过 $5\ mg/m^3$（呼吸性粉尘）和 $15\ mg/m^3$（总粉尘）。

通风设备

进风口

出风口

3.4.3 温度

养殖过程中，应采取措施确保母鸡始终处于一个舒适的温度环境中，避免发生冷热应激。

- 舍内各墙面、屋顶的保温隔热性能应保证母鸡可轻易地维持基本体温。
- 应记录鸡舍内部的最高和最低温度，设置温度异常报警器，当环境温度出现异常时，可及时发现并进行调整。
- 在寒冷气候条件下，若蛋鸡出现羽毛脱落的情况，应提供足够的饲料以确保鸡只充足的采食量，从而弥补因羽毛脱落而增加的热量损失。

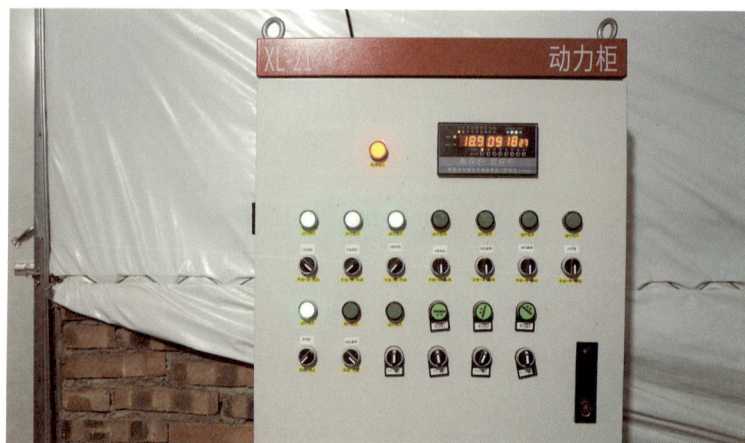

温控设备

湿帘

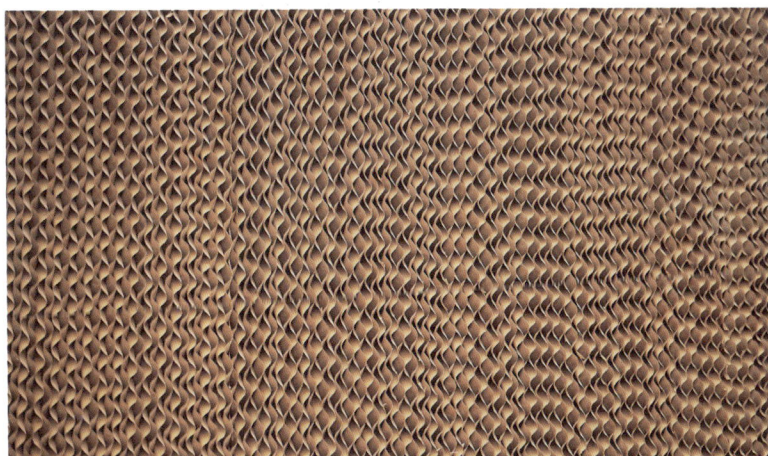

水帘

3.5 活动空间与饲养密度

3.5.1 育雏育成鸡的饲养密度

针对非笼养系统的后备雏鸡、青年鸡，在18周龄以前，应提供足够的空间，饲养密度应根据鸡的体重来计算，一般青年鸡的饲养密度不低于20 kg/m²，同时还要设置栖息架、爬梯等环境设施，帮助青年鸡在转入非笼养系统前提前适应较为复杂的空间环境，有利于母鸡更快地适应产蛋系统。

单层非笼养蛋鸡养殖可以配置简易的平养育雏系统。在平养育雏系统中，应为雏鸡、青年鸡提供便于其训练的跳台、栖息架等设施，方便其转入产蛋舍后可以更快地适应。

平养育雏

平养系统

3.5.2 福利笼养（产蛋鸡）

将传统叠层笼具与福利设施结合的一种养殖形式称为福利笼养。它既有传统叠层笼养殖的基本特征，还嵌入了几个生活区，如产蛋区、栖息区和沙浴区等，每个分区又有相应的设施，如产蛋箱、栖息架、沙浴槽和磨爪垫等。

推荐可用面积区域的要求为：对应活动区域宽度至少有30 cm，网面以上的净空至少45 cm，底网网面坡度不宜超过8°，同时产蛋区域不可计入可用面积。

对于福利笼养鸡的活动空间要求推荐如下：

- 要求每只鸡至少有750 cm² 的活动面积，除去产蛋区域和沙浴区域面积，每只鸡至少应有600 cm² 的可用面积。
- 单个笼的面积应大于或等于2000 cm²。

3.5.3 舍内单层/多层非笼养系统（产蛋鸡）

非笼养系统可分为单层、多层等多种形式，层数越多，蛋鸡的可用面积往往越大。与福利笼养系统类似，非笼养系统中需要单独设立产蛋区、栖息区和沙浴区等。由于鸡可完全自由地在舍内活动，因此在地面垫料上，母鸡即可表达沙浴行为。

非笼养鸡的活动空间要求推荐如下：

- 每平方米的可用面积不超过9只鸡。
- 每个群体的群体总数不可超过6000只。

- 算上地面层，单一空间系统设计层数不超过4层。
- 系统设计时，需考虑避免上层的鸡粪直接落入下层。

3.6 产蛋箱

在非笼养系统与福利笼养系统中，需给母鸡提供产蛋箱。产蛋箱有利于减少啄羽和啄肛现象。在非笼养系统的养殖管理中，努力减少窝外蛋的比例是最重要的一环。对于所有在蛋箱外部的鸡蛋，每天必须至少人工收集一次。产蛋箱的内部环境必须足够暗，这有利于鼓励母鸡进入产蛋箱下蛋并减少啄肛的发生。

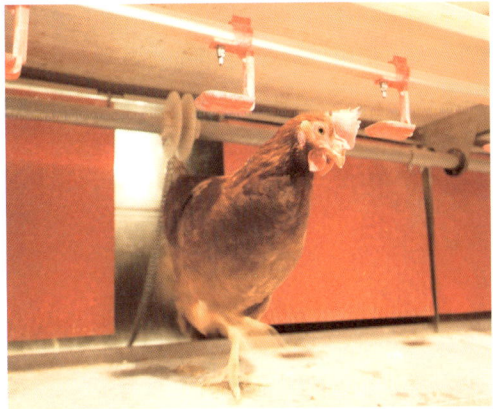

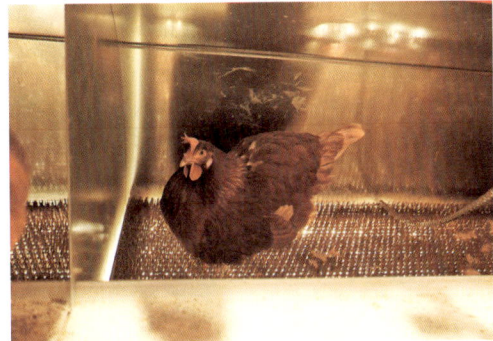

产蛋箱

产蛋箱

3.6.1 产蛋箱的数量和大小

产蛋箱分为单穴产蛋箱和群体产蛋箱。单穴产蛋箱的空间只能允许一只母鸡进入产蛋，群体产蛋箱可以允许多只母鸡同时进入产蛋。

- 单穴产蛋箱，每7只鸡应配备至少1个产蛋位。

- 群体产蛋箱，每平方米的产蛋箱位，不可超过120只母鸡。

3.6.2 产蛋箱的设计

产蛋箱中可铺垫合适材质的底部垫料以满足母鸡筑巢的行为需求，应避免直接使用金属丝网或者带塑料涂层的金属丝网作为产蛋箱底板。

产蛋箱

产蛋箱垫料的清洁度会直接影响鸡蛋的清洁度。在非笼养系统中，建议给产蛋箱设计底板翻转装置，可以实现鸡粪的自动清理，同时可实现白天打开产蛋箱，夜晚关闭产蛋箱。

当高温季节使用群体产蛋箱时，在产蛋箱结构设计上需要考虑如何方便母鸡散热。同时，在产蛋箱的入口与滚蛋缝隙区域常设计挡帘，减少外部光线直接进入产蛋箱中，为母鸡创造更为理想的产蛋环境。

为鼓励即将开产的母鸡将蛋产入产蛋箱中，可在母鸡进入产蛋期之前，在产蛋箱中放置垫料（如松散的碎屑等）。

3.7 蛋库

蛋库

蛋库

3.8 栖息架

母鸡在白天或夜晚都会使用栖息架。它会在栖息架上休息，同时也会利用栖息架来减少其他母鸡对它的伤害。对于非笼养系统，育雏期的第4周就应让蛋鸡开始接触栖息架，这样有利于让蛋鸡更快地适应产蛋舍环境。

3.8.1 栖息架的设计与空间

在非笼养系统与福利笼养系统中要求每只产蛋鸡至少有15 cm的栖息位置。栖息架的设计应满足如下要求：

- 栖息架上无尖锐物，方便母鸡抓握且避免受伤。

- 栖息架的高度需高于垫料或者网面，相邻两个栖息架的垂直高差和水平距离要分别达到至少20 cm和30 cm。栖息架和墙之间的距离应达到至少30 cm。这样的设计利于增加栖息的舒适度，同时减少母鸡之间的相互攻击。

- 在任何栖息架的两侧，应有不少于1.3 cm的空隙，以便母鸡抓握并且不会有卡脚的风险。蛋鸡应能将脚趾绕在栖息架上，并以放松的姿势保持长时间的平衡。

- 栖息架应设置在适当的位置，以减少下方鸡被上方鸡的排泄物污染以及避免料线、水线、水杯等被粪便污染。

自由栖息

自由栖息

鸡站在栖息架上

鸡站在栖息架上

鸡站在栖息架上

3.9 自由散养

自由散养是指成年鸡虽然被饲养在舍内，但在天气允许的情况下，每天可以进入露天的户外区域的一种饲养方式。推荐每只鸡的舍外空间最小是 0.19 m^2。

舍外散养区域要求如下：

- 尽可能覆盖植被。当无法覆盖植被时，可选择砾石、稻草、沙子等材料。鼓励使用粗沙砾以帮助蛋鸡消化进食的植物纤维。

- 经过恰当的设计和积极的管理，尽可能减少散养区域被损坏、污染。

- 设法减少可能导致疾病的病原体（如寄生虫、细菌、病毒）的积聚。

- 防止母鸡接触有毒物质。

- 种植作物的土地（草地或干草地

除外）不得作为散养空间，应排除在空间计算之外。

- 应为每1000只鸡提供总长度至少2 m的出入洞口，单一洞口高度应不小于35 cm高，40 cm长。

- 除恶劣天气或兽医要求或紧急情况外，日间应提供最少6 h的舍外活动时间。

- 在舍外应设有遮阳处，供蛋鸡休息。

自由散养的鸡群

3.10 牧场饲养（包括林下散养）

牧场饲养是指成年鸡群在一年12个月中，散养在一个覆盖植被的外部区域的饲养方式。蛋鸡可以从固定的或移动的鸡舍出口进入牧场，鸡舍可以设有遮檐。

禁止连续14 d以上全天24 h舍内饲养。牧场饲养要求每只鸡至少有4 m^2的活动空间。

牧场区域要求如下：

* 主要由生长的植被覆盖。应提供粗沙砾以帮助蛋鸡消化采食的植物纤维。
* 应防止或尽可能减少牧场区域出现植被严重退化或淤泥等情况。
* 应尽量减少可能导致疾病的病原体（如寄生虫、细菌、病毒）的积聚。
* 防止蛋鸡接触有毒物质。
* 用于种植作物的土地（草地或干草地除外）不作为牧场空间的一部分，应从空间计算中排除。
* 从牧场围栏到最近的固定的或移动的鸡舍门的最大距离不得超过366 m。
* 牧场应定期轮换使用，以防止土地被污染和破坏，并使其从使用中恢复。管理者应制订书面的轮牧计划。
* 蛋鸡每年12个月应在户外饲养，每天至少6 h。在紧急情况下，母鸡可以连续24 h舍内饲养，但不得连续超过14 d。

* 在舍外应设有遮阳处，供蛋鸡休息。
* 应在整个牧场上种植灌木、乔木或建造人造遮盖物，以减少蛋鸡对空中捕食者的恐惧反应，并鼓励它们进入牧场。
* 牧场区域应有适合沙浴的疏松物质。

松林里的鸡舍

林下散养

林下散养

4 饲养管理

4.1 管理者

4.1.1 管理人员应接受过动物福利相关培训，掌握动物健康和福利方面的知识。应为饲养人员制订、实施培训计划，对饲养人员的能力进行验证，确保饲养人员的能力满足要求。

4.1.2 制订和实施预防/应对紧急情况的计划，如火灾、水灾、环境控制故障或供应中断（如食物、水、电）的预防/应对计划。

4.2 饲养员

4.2.1 饲养人员经过培训和指导，应了解蛋鸡的正常行为，并掌握其健康和福利状况，具备辨识潜在福利问题的能力。当蛋鸡发生异常行为或疾病时，能够找到原因并正确应对。

4.2.2 负责蛋鸡福利的员工应经过适当的培训，并具备下列能力：

a）认识常见疾病的症状，知道何时向兽医求诊。

b）识别蛋鸡正常行为、异常行为和恐惧迹象。

c）了解蛋鸡对环境的需要。

d）对蛋鸡的操作温和，并富有同情心。

e）必要时对蛋鸡实施安乐死。

4.2.3 培训应记录在案，并验证饲养员的能力。

检查设备和鸡群

4.3 检查

4.3.1 鸡群的日常管理应采用温和方式，确保蛋鸡不会受到惊吓、感到害怕。饲养员在养殖区域的任何活动都应该缓慢和谨慎，以减轻蛋鸡的恐惧，并减少可能的伤害以及过度拥挤而导致的窒息。

4.3.2 饲养员应定期检查饲料和垫料。

饲料（黑水虻）检查

检查饲料

检查垫料

4.3.3 饲养员每天至少检查2次鸡群，识别出生病、受伤、被困或行为异常的鸡，发现福利问题应及时妥善处理。

4.3.4 检查完成后应保存病鸡、伤鸡和死鸡的记录。记录应包括农场检查人员的签字、检查时间、疾病和受伤的原因、淘汰的原因。

4.3.5 饲养员每天至少检查1次设备。发现故障时，应及时维修；不能及时维修时，应及时采取鸡免受因故障而造成不必要的痛苦或伤害的保护措施，并一直保持到故障修复。

检查设备底部

检查自动控制设备

4.4 害虫和天敌管理

4.4.1 应采取有效的预防措施来保护蛋鸡不受害虫及天敌的侵害，应特别关注：

a）鸡舍通风管道、窗户等上方使用网或类似材料防护，避免野生动物进入鸡舍。

b）包括犬和猫在内的天敌不得进入鸡舍。

c）清除鸡舍外可能为害虫提供庇护

场所的植被和杂物，宜在鸡舍周围设额外的物理屏障，如沙砾，以阻止啮齿动物和土壤传播的寄生虫侵入鸡舍。

4.4.2 应对啮齿动物和苍蝇进行监测、记录，并根据监测结果适当调整控制方案。

4.5 清洁和消毒

重新引入雏鸡或产蛋鸡之前，应对饲养场所及设备进行彻底的消毒和清洁。使用的化学品应符合国家法律法规要求。

4.6 废弃物管理

4.6.1 鸡粪应经发酵或无害化处理，排放必须符合国家相关规定。

4.6.2 对因染病、残疾需要淘汰的鸡，应以人道方式实施安乐死，对确认死亡的鸡进行无害化处理。

4.6.3 病死鸡的处理应按《病死畜禽和病害畜禽产品无害化处理管理办法》的规定执行。

5 鸡群健康

5.1 选育健康的鸡

5.1.1 在对鸡进行选育时，应观察其外观特征和行为特征，必须注意避免选择带有不良特征的遗传品系，特别是有攻击性、抱窝性、骨脆性、兴奋性、同类相食和啄羽倾向的。

a）外观特征

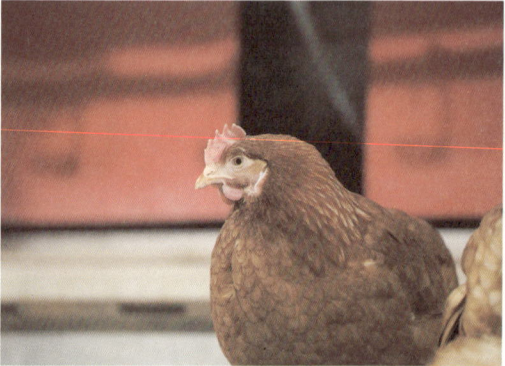

头部

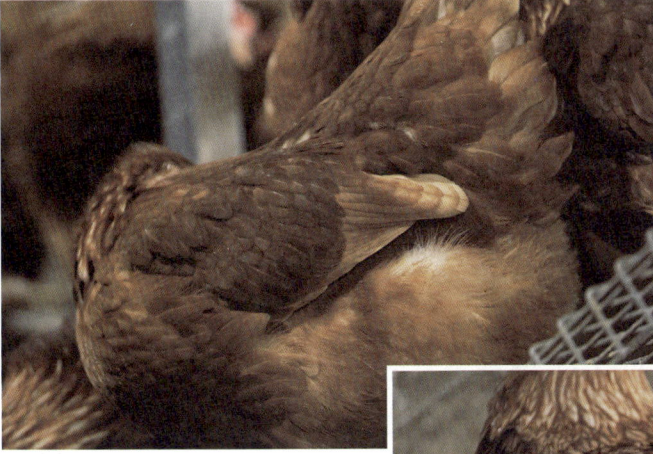

飞羽

尾羽

体羽

颈部体羽光泽程度

侧身体羽光泽程度

足部

b）行为特征

站立

集体站立

行走

趴卧

观察

梳羽

休息

饮水

刨土

5.1.2 避免使用转基因或克隆的蛋鸡及其后代。

5.2 医疗保健

5.2.1 健康监测

动物健康计划必须在兽医的指导下制订并定期更新，内容包括：

- 疫苗接种程序；
- 关于鸡群健康保健、治疗和其他方面的信息；
- 发病、死亡原因及淘汰原因；
- 可接受的鸡群生产性能的最低值；
- 生物安全规定；
- 清洁及消毒方案。

5.2.2 药物使用/疫苗接种

生产者必须与兽医制订科学的药物使用指南和疫苗接种计划。

5.2.3 鸡群生产性能数据监测

- 必须持续监测鸡群的生产性能数据，以监测疾病或生产紊乱的发生。
- 如果鸡群生产性能参数低于可接受的最低值，必须制订可行方案以解决问题。
- 必须特别注意下列情况对蛋鸡生产性能的影响。
  a）同类相食；
  b）明显的羽毛损失；
  c）鸡螨虫感染；
  d）骨折和龙骨变形；
  e）被困。

5.2.4 身体部位的切除

5.2.4.1 在非笼养蛋鸡中，存在着同类相食的风险，因此目前大多数蛋鸡场对蛋鸡进行断喙，这是一个常规操作。然而，蛋鸡的喙上分布有敏感神经，当断喙处理不当时，会很大程度上影响蛋鸡的采食行为和福利状况。因此，综合考虑，建议生产者提高管理水平，逐渐减少断喙的程度或者不进行断喙。关于断喙管理建议如下：

- 不断喙或不过度断喙。
- 在容易发生同类相食的鸡群中，为了预防同类相食，可在10 d内进行断喙：
  a）只有经过培训且合格的操作人员使用批准的设备才能进行断喙；
  b）只可以去除上颌骨的尖端部分，以限制母鸡撕裂肉的能力，而不抑制采食、地面啄食或自我梳羽。

5.2.4.2 不进行趾尖切除、磨损、去势和其他手术。

5.2.5 病残鸡的隔离和治疗

对生病的和有开放性伤口的蛋鸡，必须：

a）隔离。
b）及时治疗或处理。
c）如有必要，进行人道宰杀。

5.3 强制换羽

不可通过任何方式对蛋鸡进行强制换羽。

5.4 紧急安乐死

5.4.1 农场应制订紧急安乐死方案，必要时，对生病或受伤的鸡，应由指定的、受过训练的、有能力的工作人员或兽医在农场实施紧急人道安乐死。

5.4.2 如果对是否进行安乐死、如何操作有疑问，必须尽早咨询兽医，以避免鸡的痛苦。

5.4.3 如果蛋鸡遭受无法控制的剧痛，那么必须立即对其实施安乐死。

5.4.4 允许使用下列紧急安乐死方法：

- 用电击设备电晕蛋鸡，随后立即进行断颈。
- 颈椎脱位：只在紧急情况或仅需杀死非常少量的鸡时使用。颈椎脱位时必须拉伸颈部以切断脊髓，并对主要血管造成广泛的损伤。不得使用钳子或去势钳压断脖子，因为使用这类工具的操作不迅速且不人道。
- 将二氧化碳或二氧化碳和氩的混合物以一定的浓度输送到适当的安乐死容器中。

5.5 胴体处理

5.5.1 在执行安乐死程序后，必须仔细检查蛋鸡，以确保其已经死亡。

5.5.2 所有胴体必须通过特定的途径处置，或者根据国家标准、地方法规等进行处理。

5.5.3 必须保存胴体储存、处理方法及处置途径的记录。

附录1　断喙评分：黄羽鸡

步骤：对每个鸡舍的 20 只鸡进行评分并计算平均值。

只要满足下列其中一个标准就可以评为 4 或 5 分。必须满足列出的所有标准才能评为 1、2 或 3 分。平均评分为 2.25 分或更好，是可以接受的。评分为 3 分或更高分时，必须立即使用喙修剪器进行紧急矫正。

0分	• 没有断喙
1分	• 只在孵化场红外断喙 • 断喙清晰可见 • 上下喙均匀
2分	• 超过 3/4 的喙保留 • 上下喙均匀
3分	• 还剩下超过 1/2 的喙 • 上喙和下喙有较小区别
4分	• 1/4 ~ 1/2 的喙保留 • 食物阻塞鼻孔 • 上下喙不等 • 小神经瘤
5分	• 剩下不到 1/4 的喙，上下喙严重不等 • 像豌豆一样的神经瘤 • 喙有大的开裂

附录2 断喙评分：白羽鸡

步骤：对每个鸡舍的 20 只鸡进行评分并计算平均值。

只要满足下列其中一个标准就可以评为 4 或 5 分。必须满足列出的所有标准才能评为 1、2 或 3 分。平均评分为 2.25 分或更好，是可以接受的。评分为 3 分或更高分时，必须立即使用喙修剪器进行紧急矫正。

0 分	• 没有断喙（舍外散养时，还要注意鸡的面部、喙和鸡冠的颜色）
1 分	• 只在孵化场红外断喙 • 断喙清晰可见 • 上下喙均匀
2 分	• 超过 3/4 的喙保留 • 上下喙均匀
3 分	• 还剩下超过 1/2 的喙 • 上喙和下喙有较小区别
4 分	• 1/4 ～ 1/2 的喙保留 • 食物阻塞鼻孔 • 上下喙不等 • 小神经瘤
5 分	• 剩下不到 1/4 喙 • 上下喙严重不等 • 像豌豆一样的神经瘤 • 喙部严重开裂或损伤

附录3 羽毛脱落的监测和干预

3.1 羽毛损失评估

为背部和排泄口（B&V）、头部和颈部（H&N）区域评定分数（见下列图），来衡量蛋鸡躯体的总羽毛损失百分比。

评分0 没有/很少羽毛损失：看不到裸露的皮肤，没有或轻微的磨损，只丢失单根羽毛。

评分1 轻微的羽毛损失：中度的磨损，羽毛受损或相邻的2根及以上的羽毛丢失，皮肤裸露可见5 cm。

评分2 中度/严重的羽毛损失：皮肤裸露可见5 cm及以上。

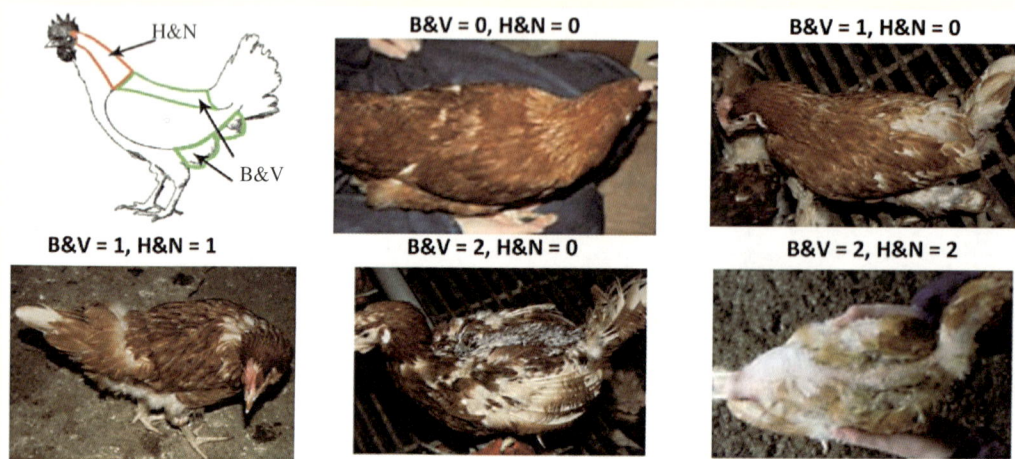

3.2 阈值

鸡群周龄		16～40	41～44	45～48	49～52	53～56	57～60	61～64	65～68	69+
总羽毛损失百分比阈值（%）	B&V	0*	0*	2	6	12	16	29	30	24
	H&N	0*	6	7	10	14	14	20	26	20

　　如果蛋鸡身体区域的羽毛总损失超过了上表中所示的群体年龄的阈值，则必须采取行动来减轻羽毛损失问题。

　　*当阈值为0时，在鸡群中观察到的任何羽毛损失都应触发应对措施，以防止进一步的损害或损失。

　　英国皇家防止虐待动物协会（RSPCA）保证25%生产者的鸡群的羽毛损失低于这个水平。

3.3 举例

时间：01/08/17			鸡群周龄：63		是否需要采取措施	
	羽毛损失					
	评分1	评分2	总评分（评分1+评分2）	总羽毛损失百分比（%）（总评分×2）		
B&V	11	4	15	30	是	否
H&N	2	1	3	6	是	否

　　在上面的例子中，背部和排泄口（B&V）区域的总羽毛损失在63周龄时超过了阈值（29%）。需要采取措施，减轻B&V区域观察到的羽毛损失问题。

　　头部和颈部（H&N）区域的总羽毛损失低于阈值，因此可能不需要采取进一步措施。生产者应对羽毛的任何恶化保持警惕，并采取适当的措施。

附录4　确保良好的蛋鸡评估方案和评分

抽样引导

福利结果评估方式：评估仅在一个鸡舍内进行，现场随机选择一定数量的蛋鸡进行评估。（对于计划中需要对个别鸡舍进行单独评估的情况，评估将在所有鸡舍中进行，但只记录现场日龄最大的群体的情况。）

如果存在多个同一时期建造的鸡舍，将随机选择一个鸡舍进行评估。在评估单个禽类时，需要确保从一个舍内生产单元的关键功能位置采集样本。这些功能位置包括掉落物区、板条区、高栖架、下层、上层等。为确保样本的代表性，需要从鸡舍的不同地理位置获取样本。

在参观时，应该抽取蛋鸡样本，以合理反映不同位置的蛋鸡比例。例如，如果抽样范围内有20%的蛋鸡存在，那么应该从范围内随机选择两个样本，每个样本评估5只蛋鸡。这样，抽样范围内的10个样本中最多有5个样本会被选中。为确保样本的随机性，需要按照一定规则选择蛋鸡，如每隔5只蛋鸡取样一次，避免被某些蛋鸡吸引。

4.1 羽毛损失

样本：50只蛋鸡。

评估方法：在10个不同的评估区域（鸡舍和/或牧场），每个区域选择5只蛋鸡进行评分。目视评估头部和颈部区域、背部和排泄口区域（不进行处理）。

头部和颈部区域（H&N）、背部和排泄口区域（B&V）分别评分。

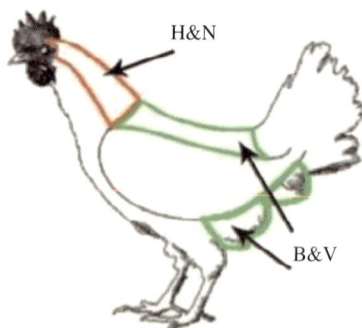

0分　没有/很少羽毛损失：没有可见的裸露皮肤，没有或轻微磨损，只有单根羽毛丢失。

1分　轻微的羽毛损失：中度磨损，羽毛受损或2根及以上相邻的羽毛缺失，裸露皮肤可见最大尺寸5 cm。

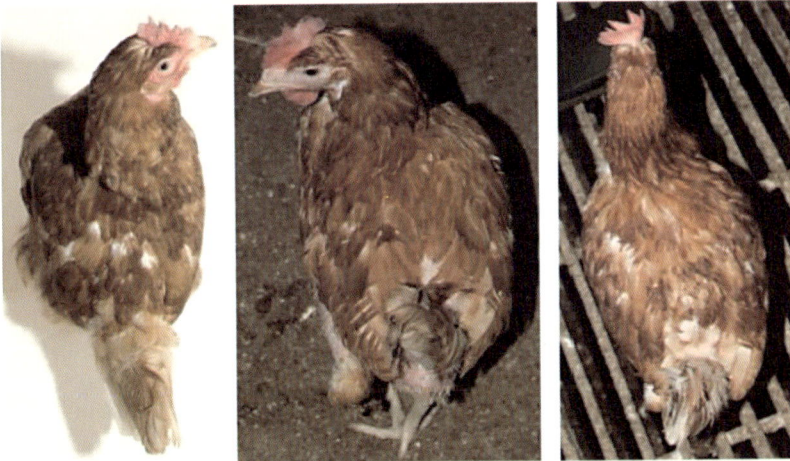

2分　中度/重度羽毛脱落：裸露皮肤可见最大尺寸25 cm。

4.2 整洁度

样本：50只。

评估方法：在鸡舍和/或牧场的10个不同区域，每个区域选择5只蛋鸡进行评估和评分。

评估：对蛋鸡躯体一侧进行视觉评估，除了脚和腿。

0分 干净。

1分 中度脏污：至少有一个部位有脏污，但最大尺寸不超过5 cm。

2分 一个或多个部位有脏污，最大尺寸为5 cm或以上。

4.3 对抗行为

评估方法：观察和聆听蛋鸡在室内的行为一分钟（在允许蛋鸡恢复不受干扰的行为之后），以及蛋鸡在舍内或牧场的其余时间。

对抗行为包括两种截然不同的行为：

a）攻击性行为——打架、攻击性啄或追逐其他鸡。一种建立等级秩序的社会行为。

b）啄伤羽毛——包括拔下羽毛，啄伤背部或排泄口。异常的觅食行为。

这两种行为的信号通常都是大叫声。

记录：对观察到或听到的对抗行为事件的数量、行为进行识别，如果可能的话，记录观察到的是攻击性行为还是啄伤羽毛行为。

4.4 喙修剪

样本：整群。

评估方法：a）参考雏鸡饲养管理记录和/或要求雏鸡舍经理确定是否/何时修剪了雏鸡的喙；b）在评估过程中目测雏鸡的喙部。

记录：a）未修剪喙的群体、在10日龄前修剪喙的群体、在兽医建议下作为紧急程序修剪喙的群体；b）已切除1/3以上喙的雏鸡数量。

完整喙　　　　　　　　修剪后的喙　　　　　　　严重的喙修剪：超过1/3的
　　　　　　　　　　　　　　　　　　　　　　　　喙被剪除

4.5 斗争性

样本：整群。

评估方法：评估时观察蛋鸡的行为。

记录：a）平静：蛋鸡对人的出现表现得镇定自若，或者主动接近人；b）谨慎：蛋鸡的行为会受到人的出现的干扰，且表现出积极的警觉。

4.6 患病

样本：整群。

评估方法：评估蛋鸡群中是否有患病或受伤的，需要隔离治疗或被扑杀。这包括明显患病的蛋鸡（羽毛蓬松、精神萎靡、没有反应）和身体伤口处有新鲜血液的蛋鸡，可能会引起其他鸡的同类相食。

记录：需要隔离治疗或扑杀的患病/受伤蛋鸡的数量。如果可能的话，记录疾病/受伤的类型，如生病、非正常颜色的粪便、皮肤损伤、眼睛问题、跛行及其他。

4.7 死亡率

样本：全群。

评估方法：参考统计数据和/或查询生产记录。

a）上一群的死亡率；

b）到目前为止的死亡率；

c）到40周的死亡率（如适用）。

如果可能，记录每个死亡率背后的主要的死亡原因。